红色稻米

Red Rice

Gunter Pauli

冈特·鲍利 著

李康民 译 李佩珍 校

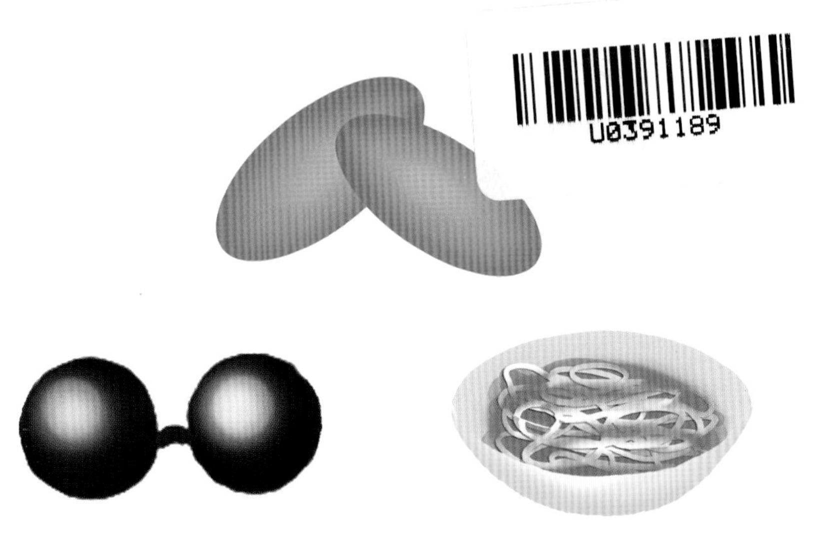

学林出版社

丛书编委会

丛书出版委员会

特别感谢以下热心人士对译稿润色工作的支持：
高　青　余　嘉　郦　红　冯树丹　张延明　彭一良
王卫东　杨　翔　刘世伟　郭　阳　冯　宁　廖　颖
阎　洁　史云锋　李欢欢　王菁菁　梅斯勒　吴　静
刘　茜　阮梦瑶　张　英　黄慧珍　牛一力　隋淑光
严　岷

目 录

CONTENT

故 事

Fable

故事探索

Exploring the Fable

教师与家长指南

Teachers' and Parents' Guide

水田里的稻谷们一整天都在喋喋不休地讨论着。讨论非常热烈，因为有消息说，新的水稻品种马上要来落户，但这种稻米不是白色的，而是红色的。

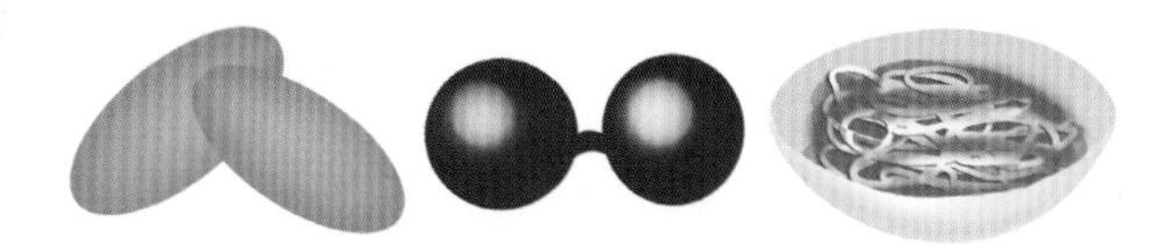

A field full of rice is chattering the day away. There is a lot of discussion since the news arrived that a new family of rice would be arriving soon but instead of being white, this rice will be red.

讨论非常热烈……

There is a lot of discussion...

那是不可能的！

That is impossible!

“那是不可能的！”一位稻米姑娘尖声叫道，“我们自打存在以来一直都是白色的，为什么这些人现在要我们变成红色的呢？”

“That is impossible,” screams one of the ladies. “We have been white throughout our existence, why do these people want us to look red now? ”

“这是进步的代价。”漂浮在水稻田里的小水藻评论说。

“That is the price of progress,” comments an algae floating around in the paddy full of water.

这是进步的代价

That is the price of progress

不，不，这就是进步！

No, no, it is progress!

“进步？你怎么会认为改变颜色是一种进步呢？那只能叫作化妆。”

“不，不，这就是进步！那些靠你们提供食物的人类没有足够的健康食品了，所以，缺少的东西就必须变成你们基因的一部分。”

“我不知道我的基因是什么样，但是，我一生中从来没见过红色稻米，我也不想做红色稻米。这压根儿就不算是稻米！”

“Progress? How can you ever consider changing color progress? That is called cosmetics.”

“No, no, it is progress! The people who you are to provide food for do not have enough healthy foods anymore, and therefore what is missing has to become part of your genes.”

“I have no idea what my genes are, but I do know that I have never ever seen red rice in my life, and I never want to. This is simply not rice!”

“噢，实际上这红色来自一种叫作‘β胡萝卜素’的东西，它对人体有很多好处。假如人们吃了这种稻米，他们的视力就能得到改善。”

“Well actually, this red color is from something called beta-carotene and it’s very good for the people. If they eat this rice, then their eyesight could be improved.”

他们的视力就能得到改善！

Their eyesight could be improved!

你，你有丰富的 β 胡萝卜素？

You, you are rich in beta-carotene?

“什么，我们必须像根胡萝卜，人们才不会变瞎？”

“对极了！实际上我身体里也有许多β胡萝卜素。”小水藻答道。

“你，你有丰富的β胡萝卜素？你一定是在开玩笑吧，你看上去一点儿也不红，你倒是要多绿就有多绿！”水稻说。

“噢，是的，那是因为我属于原生生物王国，而你是植物王国的一员。”

“What, we have to look like a carrot and then people do not become blind?”

“Exactly! Actually, I have a lot of beta- carotene as well, ”replied the algae.

“You, you are rich in beta-carotene? You have to be joking; you are not red-looking at all! You are as green as can be!” said the rice.

“Well yes, but that is because I belong to the Kingdom of Protista and you are a member of the Plant Kingdom.”

“从我有记忆起，你们就生长在我们周围，是我的邻居。虽然你不是红色的，但既然你含有丰富的 β 胡萝卜素，那为什么还得让我们变成红色的呢？”

“我是藻类，而你是植物。”

“那你在我身边长得茂盛点不就好了吗？”

“So why do I have to turn red, when you are my neighbor and you’ve been around for as long as I can remember and you have a lot of beta-carotene in you already and you are not red?”

“I am an alga and you are a plant.”

“So why don’t you grow more prolific around me?”

我是藻类，而你是植物

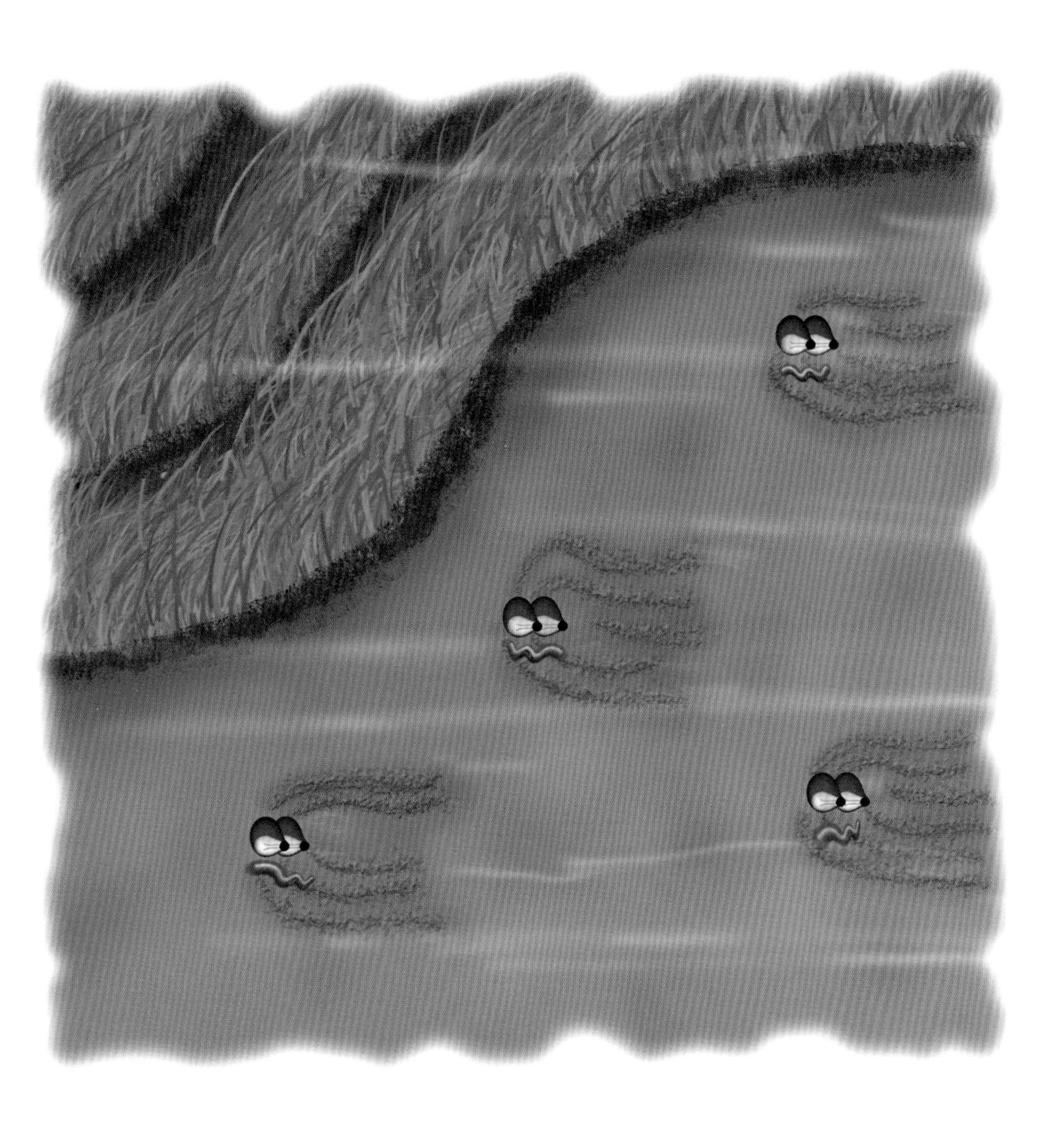

I am an alga and you are a plant

孩子们不爱吃水藻！

Children do not want to eat algae!

“因为风太大，所以我不能很快地生长，或者说不能生产足够的 β 胡萝卜素。而且，孩子们不爱吃水藻！”

“That is because there is too much wind so I can’t grow fast enough or produce enough beta-carotene. Besides that, children do not want to eat algae!”

“那么，为什么这些人拿我的基因捣乱，非要把我变成红色的呢？为什么不能直接种上竹子挡住风呢？那样我们就至少会有100 多倍的 β 什么东西来帮助盲人。”

……这仅仅是开始！……

“So, why do these people fumble around with my genes and make me red? Why not simply plant some bamboo to keep the wind away? Then we will have at least a hundred times more beta-whatever to help the blind see.”

... AND IT HAS ONLY JUST BEGUN! ...

……这仅仅是开始！……

... AND IT HAS ONLY JUST BEGUN! ...

你知道吗？

DID YOU KNOW THAT...

β 胡萝卜素是存在于水果、蔬菜中的一种物质，它们能使水果和蔬菜（比如橘子、甜菜、芒果和樱桃）呈现出橘黄色或红色。这种物质在有机体内会转化成维生素 A，那是一种强有力的细胞抗氧化剂，它能延缓衰老，保护皮肤不受紫外线的损害。

西红柿也含 β 胡萝卜素。经过转基因生长出的西红柿较少产生引起变质的物质，能长久地保持坚实、新鲜。

转基因的西红柿含有对抗抗生素的基因。假如这些基因存留到动物和人体内，将会对抗生素产生免疫作用，从而导致我们抵抗感染的能力下降。

棉花、马铃薯和甜玉米经过转基因，能产生可以杀死有害昆虫的毒素。这种新基因来自苏云金杆菌，被认为是很有效用的。因为害虫往往容易在单一品种的栽培中繁殖，例如单种棉花、单种土豆。

藻类在生产周期中不像植物那样需要进行种植、施肥、灌溉，等等。藻类含有大量维生素 E 和 β 胡萝卜素，这些物质能保护皮肤、抗衰老。

迄今为止，世界上已经发现了 25000 种藻类品种，但只有 50 种可食用。微藻是地下的矿工，它们把岩石里的矿物质变成有机分子，然后经由植物吸收，再变成叶绿素。

想一想 THINK ABOUT IT...

你认为当稻米知道人们要把她们变成红色时，她们会感到忧虑吗？

为什么水藻认为稻米变成红色是一种进步呢？

为什么水稻不想让她们的基因被改造成含有 β 胡萝卜素的呢？

通过种竹子让藻类生长得更多，从而生产出更多的 β 胡萝卜素，这是稻米做出的结论，你对此有何看法？

自己动手！ DO IT YOURSELF!

现在请你画一幅静物画，画一些富含 β 胡萝卜素的水果和蔬菜。

首先研究一下什么食物含有能转变成维生素 A 的 β 胡萝卜素，然后拿一张大纸，先用铅笔画好，并选好颜料上色，可以是水彩、炭笔（蜡笔）、油画棒……

假如你喜欢，可以画在帆布上，用水彩或油画棒做颜料。你就有一幅富含 β 胡萝卜素的食物的静物图了，它会帮你永远记住它们。

学科知识

Academic Knowledge

生物学	(1)富含β胡萝卜素的品种。(2)广义的原生生物和狭义的藻类。(3)钝顶螺旋藻。(4)遗传调控与遗传改良。(5)水稻、稻壳和稻草。
化　学	(1) 把抗氧化剂、维生素E 和β胡萝卜素转变成对人体有用的物质。(2) 色素。(3) 高pH 值对某些品种生长的重要性。
物　理	光的频率和强度，特别是在热带。
工程学	(1)水的生成和净化系统的设计。(2)农业对灌溉系统的依赖，消耗了世界水资源的70%。
经济学	(1)生态系统的生产率与农业企业的稻谷生产率。(2)功能食品和营养品的新兴市场。(3)用现有的资源和系统寻求解决问题的办法。
伦理学	(1)在整个生态系统能产生很多益处的情况下，是否应该栽培为了保护利润而申请了专利的稻谷新品种呢？(2)销售亚洲传统之外的“黄金大米”的合理性何在？(3)在未经几代试验来检验其副作用的情况下，一个人该怎样介绍转基因生物？
历　史	我们祖先用来增强自身健康的天然产品。
地　理	(1)世界上的水稻生产区。(2)钝顶螺旋藻的栽培和消费区域。
数　学	风险分析和统计。
生活方式	饮食失调引发健康恶化。
社会学	(1)如何确定社会的进步？(2)缺乏知识会导致人们对一种产品的盲目追捧或反对。(3)“草根运动”的作用。
心理学	对未知的恐惧。
系统论	科学家在寻找解决世界性问题（如失明）的办法，但他们往往忽视传统上已存在而且又不需要去干扰自然的解决办法。

情感智慧

Emotional Intelligence

水 稻

水稻小姐表现出极度的恐惧和焦虑。稻田里大家的闲谈引发了对引进红色稻米的愤怒，但同时也增强了她们的自我认知（我们一生都是白色的）。水藻在解释为什么需要红色稻米时，观察力非常敏锐的水稻小姐很快注意到，即使是都含有 β 胡萝卜素的水稻、胡萝卜和藻类，颜色也是完全不同的。她表现出了激发社区成员共鸣的能力，并能很快从自身的生态系统提出解决问题的办法（种竹子），而不是靠外界的救助。水稻小姐意志坚定，与水藻的关系处理得很好，这对如何处理朋友间的情感问题非常有指导价值。

水 藻

起初，水藻试着为水稻需要遗传改良的观点辩护，却惹得水稻小姐们更加生气。小水藻发现对方有许多根深蒂固的看法后，把话题转向自己具有生产 β 胡萝卜素的能力。他认可自己无法解决某些问题的诚恳态度触动了水稻小姐，使她有了新的认知，从而找到解决问题的方法。水藻对水稻小姐的担忧表现出了高度尊重，在情感共鸣的引领下找到了解决问题的方案。

思维拓展

Systems: Making the Connections

现在是就地寻找办法来解决全球问题的时候了。世界上有5000万人口有失明的危险。但使用转基因技术生产出的“黄金大米”，作用是否真如很多人想象的那样呢？对于转基因食品，现在仍然存在很大争议。事实上，当地的自然生态系统就包含许多物种，不管是植物还是藻类，都具有丰富的生物多样性，因此人们完全可以找到多种不尽相同的办法，来解决已知的问题。酸雨可能毁坏自然生长的水藻，但也不是所有地方都有高碱性水。人们也可以再创造所需要的条件，利用沼气池和阳光的后续处理，分解出动物粪肥中的矿物质。请记住，人类可以帮助大自然，有时甚至还能修补它受到的损害，前提是要认真仔细观察自然体系是如何运转的，并从生物多样性的要素中甄别出理想的解决方案。与生产转基因食品和开拓红米市场比起来，人类还有许多更加迫切的需求。

动手能力

Capacity to Implement

可以用培养藻类来展示动手能力。许多水流是碱性的，它们是完美的培养藻类的介质。藻类通常就在我们周围，但肉眼却看不到它们，因为它们要在条件合适时才会出现。看看水里的浮沫，这些浮沫并非是脏东西或是有什么问题，而是藻类在生长。观测各种藻类的生长情况，注意要找本地生长的藻，不要引进外来品种，除非你确保它们被控制在实验室培养条件下，不会进入自然环境中。还要研究藻类不同的营养成分以及这些成分的含量和颜色。

艺 术
Arts

我们如何来描述风？能不能不用话语、不用图画来表达呢？靠肢体语言，通过摆动身体，用许多方法“舞”出风来，这对我们是很好的练习。另一种方法是如何闭上眼睛来感知事物。假如物体这么容易被看到的话，我们怎么能明白我们感知到的是什么呢？闭上眼睛我们能感觉出颜色吗？这是前沿而有趣的开发感官的练习。

译者的话
Words of Translator

这则童话中的红色稻米，是用转基因技术改造当地的水稻品种，从而让其具有防治致盲病的作用。实际上，无须用转基因改造，世界各地不少地方都有自然生长的红色稻米。印度有一种稀有的红米品种，叫 Rakthashali，它富含多种矿物质，有很高的药用价值，据说可以延缓衰老。泰国的红米是一种不黏的长粒品种。此外，还有不丹红米、法国红米、英国红米和非洲红米。中国也有红米品种，如江西井冈山的红米稻（又叫“高山红”）以及江苏海安的“黄金米”，它们都是非转基因大米，这就是世界各地丰富的生物多样性。

故事灵感来自 豪尔赫·阿尔贝托·维埃拉·科斯塔 Jorge Alberto Vieira Costa

豪尔赫·阿尔贝托·维埃拉·科斯塔1966年在巴西圣保罗州坎皮纳斯州立大学获得食品工业博士学位。他侧重于米粉发酵方面的研究。毕业后，他开始对巴西南部的南里奥格兰德地区的水稻培育产生兴趣，而且关注蓝藻中富含营养的螺旋藻。在由瑞士Antenna基金会资助，就螺旋藻培养进行了基础培训后，他对如何培养以及利用藻类向儿童提供营养形成了自己的开发思路。豪尔赫·阿尔贝托申请了用螺旋藻作为主要营养源来生产速溶汤的专利。

豪尔赫·阿尔贝托是一个多产的学术型作家，发表了100多篇涉及各种主题的论文。凭着对螺旋藻研究的热情和经验，近年来他在水稻田中建设培养螺旋藻的农场。他结合学术研究的热情和个人愿望，热切希望改善因世界粮价低迷而生存困难的稻农的命运，而这些人的孩子更需要改善营养状况。他将螺旋藻农场和食品安全相结合的做法已经被证明是一个正确的方向。

出版物

Costa, Jorge Alberto Vieira; Duarte Filho, Paulo; Radmann, Elisangela. “Comportamento Fuidodinamico de Fotobiorreatores do Tipo Tanques Albertos, Utilizados no Cultivo da Microalga Spirulina platensis”. In: XIV Simposio Nacional De Fermentacoes, 2003, Floranopolis. Anais do XIV Simposio Nacional de Fermentacoes. Editora da UFSC, 2003. p348-1-348-6.

Costa, Jorge Alberto Viera; Bertolin, Telma elita; Colla, Luciane Maria; Scadikaram Rafaela; Souza, Fernanda; Viacelli, Jaqueline. “Cultivo Mixotrofico da Microalga Spirulina platensis”. In: XIV Simposio Nacional De Fermentacoes, 2003, Florianopolis. Anais do XIV Simposo Nacional de Fermentacoes. Editora da UFSC, 2003, p. 371-1 371-5.

网页

http://www.antenna.ch/UK/Repon_UK.htm

图书在版编目（CIP）数据

红色稻米 /（比）鲍利著 ；李康民译．-- 上海 ：学林出版社，2014.4
（冈特生态童书）
ISBN 978-7-5486-0672-7

Ⅰ．①红… Ⅱ．①鲍… ②李… Ⅲ．①生态环境－环境保护－儿童读物 Ⅳ．① X171.1-49

中国版本图书馆 CIP 数据核字（2014）第 021405 号

冈特生态童书
红色稻米

作　　者—— 冈特 · 鲍利
译　　者—— 李康民
策　　划—— 匡志强
责任编辑—— 李晓梅
装帧设计—— 魏　来
出　　版—— 上海世纪出版股份有限公司学林出版社
（上海钦州南路 81 号 3 楼）
电话：64515005 传真：64515005
发　　行—— 上海世纪出版股份有限公司发行中心
（上海福建中路 193 号 网址：www.ewen.cc）
印　　刷—— 上海图宇印刷有限公司
开　　本—— 710×1020 1/16
印　　张—— 2
字　　数—— 5 万
版　　次—— 2014 年 4 月第 1 版
2014 年 4 月第 1 次印刷
书　　号—— ISBN 978-7-5486-0672-7/G · 236
定　　价—— 10.00 元